农业生态实用技术丛书

果园鼠茅草
生态种植技术

GUOYUAN SHUMAOCAO SHENGTAI ZHONGZHI JISHU

张鑫焱 邹国元 李振茹 孙 嘉 主编

U0256274

中国农业出版社
北 京

图书在版编目（CIP）数据

果园鼠茅草生态种植技术/张鑫炎等主编.—北京：中国农业出版社，2020.6
（农业生态实用技术丛书）
ISBN 978-7-109-26649-0

Ⅰ．①果…　Ⅱ．①张…　Ⅲ．①果园-绿肥作物-研究
Ⅳ．①S660.6

中国版本图书馆CIP数据核字（2020）第038922号

中国农业出版社出版
地址：北京市朝阳区麦子店街18号楼
邮编：100125
责任编辑：张德君　李　晶
版式设计：王　晨　责任校对：范　琳
印刷：北京通州皇家印刷厂
版次：2020年6月第1版
印次：2020年6月北京第1次印刷
发行：新华书店北京发行所
开本：880mm×1230mm　1/32
印张：3
字数：60千字
定价：24.00元

农业生态实用技术丛书
编 委 会

本书编写人员

主　　编　张鑫焱　邹国元　李振茹　孙　嘉

副 主 编　隋方功　吴瑞忠　楚虎山　卢江涛

参编人员（以姓氏笔画为序）

史进江　刘　波　刘肖雨　许　栩

李　军　李　勇　李昭磊　吴　欢

吴　瑕　吴文灵　宋汝霞　张　斌

周玉剑　贾思华　栾金刚　黄锦程

曹永庆　蒋梦春　程乃尚　程美意

楚虎山

序

中共十八大站在历史和全局的战略高度，把生态文明建设纳入中国特色社会主义事业"五位一体"总体布局，提出了创新、协调、绿色、开放、共享的发展理念。习近平总书记指出："走向生态文明新时代，建设美丽中国，是实现中华民族伟大复兴的中国梦的重要内容。"中共中央、国务院印发的《关于加快推进生态文明建设的意见》和《生态文明体制改革总体方案》，明确提出了要协同推进农业现代化和绿色化。建设生态文明，走绿色发展之路，已经成为现代农业发展的必由之路。

推进农业生态文明建设，是贯彻落实习近平总书记生态文明思想的必然要求。农作物就是绿色生命，农业本身具有"绿色"属性，农业生产过程就是依靠绿色植物的光合固碳功能，把太阳能转化为生物能的绿色过程，现代化的农业必然是生态和谐、资源可持续、环境友好的农业。发展生态农业可以实现粮食安全、资源高效、环境保护协同的可持续发展目标，有效减少温室气体排放，增加碳汇，为美丽中国提供"生态屏障"，为子孙后代留下"绿水青山"。同时，农业生态文明建设也可推进多功能农业的发展，为城市居民提供观光、休闲、体验场所，促进全社会共享农业绿色发展成果。

农业生态文明思想起源于古老的中国，中国自春秋时期就懂得用地养地的道理以及物理杀虫、人工除草等做法。农牧结合、稻田养鱼、桑基鱼塘等农业生态模式在历史上曾经极大推动了文明和经济的发展。当前，我国农业生态文明建设已进入提供更多优质生态产品以满足人民日益增长的优美生态环境需求的攻坚期，也到了有条件、有能力发展环境友好农业的窗口期。多年来，从事农业生态研究的学者和实践者扎根农业生产一线，按"整体、协调、循环、再生"的原则，围绕农业生态文明建设开展了广泛、系统的实践和研究，探索总结出了丰富多样的应用技术。

为推广农业生态技术，推动形成可持续的农业绿色发展模式，从2016年开始，农业农村部农业生态与资源保护总站联合中国农业出版社，组织数十位业内权威专家，从资源节约、污染防治、废弃物循环利用、生态种养、生态景观构建等方面，多角度、多要素、多层次对农业生态实用技术开展梳理、总结和归纳，系统构建了农业生态知识体系，编写形成了《农业生态实用技术丛书》。丛书中的技术实用、文字简洁、步骤详尽、脉络清晰，技术可推广、模式可复制、经验可借鉴，具有很强的指导性和适用性，将为广大农民朋友、农业技术推广人员、管理人员、科研人员开展农业生态文明建设和研究提供很好的参考。

2020年4月

前言

近年来，全国各地区果园虽积极开展应用果园生草技术，但生产实践中，由于缺乏完善的果园生草技术指导以及不当的果园生草管理措施等因素，导致果园生草技术推广应用困难重重。尤其是生草绿肥与果树同期生长，争水争肥，还需人工刈割，费时费工，极大地阻碍了果园生草技术的推广应用。

笔者于2013年发现鼠茅草与其他果园绿肥相比，具有与果树错峰生长、自然倒伏、无需人工刈割等优势。在日本，鼠茅草在果园除草、园林除草和护坡沃土等领域应用多年，而且成效显著。同年将鼠茅草引入我国，到目前为止，成功推广应用于全国170多个城市1 100个生态农业示范基地。在推广应用过程中发现鼠茅草在我国大多数省份适用性较强，技术优势明显，并能与高效节水灌溉、高标准农业设施等完美融合。但由于果农对鼠茅草认识不足，同时缺乏相应的种植管理措施，经常会导致种植失败，从而挫伤了果农对鼠茅草的种植信心。于是，笔者决定将这么多年来积累的关于鼠茅草的种植应用技术及案例编撰成书。将鼠茅草的种植应用技术以图书的形式传播给所有果园生草从业者，尤其是帮助果农朋友根据书中的图片、视频和描述去认识鼠茅草，掌握鼠茅草的种植应用方法，为果业的健康发展提供一些必要的指导；同时，笔者希望通过自己的绵薄之力，去引起更多行业从业者、研究者和政府管理部门的高度重视，以期更多的人来研究和重视果园绿肥鼠茅草。无论如何，推广鼠茅草的种植与应用，对我国建立投入少、效能高、抑制环境污染和地力退化的持续发展的果园生产体系，生产出高营养、无污染、安全的绿色果品，具有重要的经济效益和生态效益。

全书从我国果园土壤管理模式说起，描写了我国果园土壤管理概况、果园生草技术概况以及鼠茅草种植应用概况。尤其对鼠茅草的特征、种植方法和技术优势做了详细的介绍，并配有图片、视频加以呈现。让更多的读者可以对鼠茅草有更深入的了解，进而熟练掌握鼠茅草的种植技术。最后一部分详细地描述了鼠茅草的应用前景以及鼠茅草在坡地、林地和荒山及其他方面的应用案例。

在本书的编写过程中，得到了各方领导、同事和各科研院所的相关专家帮助与支持，特别是各生态农业基地以及个人在本书配图及视频方面的帮助与奉献，在此一并表示衷心感谢。

由于笔者水平有限，书中难免有不妥之处，敬请读者批评指正，笔者也希望对鼠茅草有兴趣的单位或个人与我们联系，更好地完善鼠茅草的相关信息，以便再版。

编　者

2019 年 5 月于北京

目 录

序

前言

一、鼠茅草概述

（一）鼠茅草生物学特性

鼠茅草又名鼠尾狐茅，属于被子植物门双子叶植物纲鼠茅草属，鼠茅草是一种耐严寒而不耐高温的一年生禾本科草本绿肥植物（图1）。生长周期为每年9月到翌年6月。生长初期，叶呈丛生的线状针状生长（图2至图4），针叶长10厘米，自然倒伏后匍匐生长（图5、图6），叶长60～70厘米。鼠茅草生长旺季，针叶类似马鬃、马尾，在地面编织成厚20～30厘米

图1　鼠茅草植株

图2 鼠茅草生长初期针状叶局部

图3 鼠茅草生长初期针状叶整体

图4 鼠茅草生长初期线状叶局部

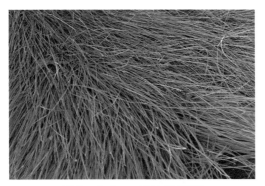

图5　匍匐生长的鼠茅草

图6　鼠茅草自然倒伏后匍匐生长

的"果园地毯"（图7）。其根系细而密集（图8），一般深达30～60厘米。芒草长1厘米以上（图9）。小穗长约1厘米（图10）。花萼1.5毫米（图11）。种子细而小，长3～5毫米，呈针状（图12）。其整个生长周期干物质重600～700千克/亩[*]（图13）。

***

　　* 亩为非法定计量单位，15亩=1公顷。

图7 "果园地毯"，针叶类似马鬃、马尾

图8 细而密集的鼠茅草根系

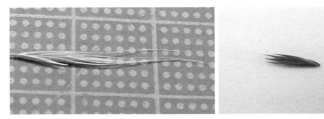

图9 鼠茅草的芒草

图10 鼠茅草的小穗

图11 鼠茅草的花萼

图12 细而小的鼠茅草种子

图13 枯萎后的鼠茅草

鼠茅草原产于亚洲和欧洲，广泛分布于亚洲、欧洲、美洲和非洲，主要分布区域为北美洲退化的草原。在我国主要在河北、江苏、浙江、江西、广西、西藏和台湾等地分布。鼠茅草生态适应性广，在海拔160～4 200米的路边、山坡、沙滩、石缝及沟边都可以生长。

（二）鼠茅草果园生草的研究及发展概况

果园生草技术作为一种先进的果园土壤管理方式，其生草草种的选择至关重要，而果园生草草种有许多，鼠茅草是目前发现的唯一能自然倒伏的果园生草，被称为"果园地毯"，其能在−10℃下的环境中生长，具有耐寒、不耐高温并与果树错峰生长的特点。2010年前后，我国发现鼠茅草绿肥技术在国外应用效果显著，并于2013年从日本引进。鼠茅草目前有两种，分别为鼠茅草及高原鼠茅草，在我国均有分布，其标本保存于山东师范大学博物馆。在我国，西藏、河北、山东等地均有高原鼠茅草记录，但分布非常少；鼠茅草广泛分布于江苏、江西、山东、台湾等地。因高原鼠茅草低矮且不能自然倒伏，不适宜作为果园生草。因此，只有鼠茅草适合作为果园生草。鼠茅草生长周期为每年9月至翌年6月，一般在9～10月播种（图14至图17），翌年越冬后3月返青（图18），4～5月拔节孕穗（图19），6月灌浆成熟后倒伏在地面（图20），开始腐烂（图21），不需要人工刈割，倒伏后在地面形成20～30厘米厚的"果园地毯"，能有效抑制其他杂草生长，其根系细而密集，可以保持土壤渗透性和通气性，增加土壤有机质，培肥土壤（图22），还可以减少水土流失和改善果园小气候，起到夏季降温、冬季保温的作用。生草作物与果树争水争肥是限制其推广的主要因素之一，鼠茅草与大多数果树错峰生长，很大程度上避免了这个问题。随着生态环境保护理念的不断加强，果园生草的研究在国内越来越受到重视，鼠茅草的应用与推广也将越来越广泛。

图14 播种鼠茅草前旋耕并平整土地

图15 播种鼠茅草后覆土并平整土地

图16　鼠茅草刚刚发芽

图17　越冬前的鼠茅草

图18　鼠茅草返青

图19　鼠茅草拔节孕穗

图20　鼠茅草灌浆成熟

图21　腐烂后的鼠茅草

图22　鼠茅草可增加土壤有机质，培肥土壤

二、果园土壤管理基本知识

果园土壤管理主要包括：果园水土保持、土壤改良、土壤耕作管理、土壤施肥和水分管理。其目的在于为果树的生长发育创造适宜的环境，满足果树对温度、湿度、水分和养分的需求。

目前，果园土壤管理方式主要有：果园清耕（图23）、果园覆盖（图24）、果粮间作套种（图25）、果园免耕（图26）和果园生草（图27至图29）等。

图23　反复清耕的葡萄园

图24　覆膜的苹果园

图25　苹果与葫芦套种

图26　除草剂除草的果园

图27　果园绿肥——紫苜蓿

图28　果园绿肥——毛叶苕子

图29　果园绿肥——鼠茅草

（一）果园清耕

果园清耕就是在果园内经常耕除果树以外的其他植物，使园内土壤保持疏松和表层无草状态的一种果园土壤管理方式（图30）。这种土壤管理方式能够有效避免或减少杂草与果树争夺水肥，增强土壤的

图30　果园清耕

消化作用，加快速效性氮素释放，增加有效磷、速效钾含量，有利于幼龄果树的生长和根系发育，且能消灭病虫潜伏场所。但长期清耕会导致果园土壤有机质减少，土壤结构破坏，物理性质恶化，果园行间地面裸露，造成果园尤其是坡地果园土壤侵蚀，导致水土流失，而且不利于形成优良的果园小气候。这种土壤管理制度最终导致果园土壤肥力退化，需施大量的化肥才能维持果树生长和果树产量，会导致果园投入增加、果品质量下降。而且，果园清耕与现在所倡导的可持续发展生态农业相悖，但目前而言，我国果园管理仍以清耕为主。

（二）果园覆盖

果园覆盖就是利用覆盖物覆盖全园或部分果园面积的一种果园土壤管理方式。这种土壤管理方式能够有效地使土壤保墒、提高地温、除草并改善果树内部光照状况等。果园覆盖一般分为覆草和覆膜。

覆草是指利用各种作物秸秆、杂草、树叶、牲畜粪便等有机物覆盖果园地面的一种土地覆盖方式，分为树下、行间、全园覆盖等。果园覆草能抑制杂草、调节地温、增加土壤有机质、保持水土、培肥地力，有利于果树的生长发育，从而提高果树产量与品质，整体效果较好，但面临果园覆盖材料来源不足，大面积推广会受到很大的限制。

覆膜也称地膜覆盖，是利用地膜覆盖果园地面的一种土地覆盖方式，地膜覆盖在果树种植应用上日本发展最早，欧美国家20世纪60年代也开始试验和应用。我国起步较晚，20世纪80年代初才开始在果树上进行试验。果园地膜覆盖可以有防旱保墒、提高地温、抑制杂草等，能够改善果园特别是树冠中下部的光照条件、减少病虫危害、促进果树生长发育、提高果园产量、增进果实着色、改善果品品质等。但现在使用的地膜材料不易降解，长期使用地膜会产生土壤板结、肥力下降和环境污染等诸多不利影响。

（三）果粮间作套种

果粮间作套种就是在幼龄果园间作套种花生、豆类和蔬菜等农作物的果园土壤管理方式（图31）。这种土壤管理方式目的在于提高果园早期的土地利用率和经济效益。苹果、柑橘、桃等幼龄果树常采取果粮间作栽培，欧洲、非洲、东南亚和中美洲（中亚美利加洲）等也将果粮间作套种作为一种重要的土地利用方式。

图31　苹果－小麦套种

（四）果园免耕

果园免耕是指不耕作或极少耕作、以化学除草剂

图32 除草剂除草的果园

控制杂草的土壤管理方式（图32）。20世纪60年代后果园免耕技术有很大发展，在北美至今仍盛行。

果园免耕可保持土壤结构，且能节省劳动力，但长期使用除草剂会造成环境污染和果品安全等问题。因此，应该用更合理的耕作方式来替代果园免耕。

（五）果园生草

果园生草是指在果树行间或全园种植草本植物作为覆盖物的一种果园土壤管理方式，是目前国外果树生产发达国家广泛应用的一种土壤管理方式。果园生草一般认为始于19世纪末美国的纽约，关于生草与清耕的对比试验开始于19世纪末20世纪初。20世纪30年代乌克兰南部果园开始生草栽培方面的试验，20世纪40年代美国开始重视生草技术的研究与推广。20世纪50~70年代，果园管理模式开始运用生态学的观点来解决果园清耕管理模式所面临的生态环境退化问题，在此期间开展了大量果园生草试验研究，极大地推动了果园生草技术的迅速发展。20世纪70年代以后，果园生草技术已相当成熟，欧美及日本等果树生产发达国家的果园管理方式以建设生态园为目标，形成了以生态体系稳态平衡为基础，以优质高效生产为目标的现代果树生态栽培体系，满足公众对绿色食品、有机食品的需求，果园生草已成为果园管理的重要措施之一，其果园生草的面积占果园总面积的55%～70%，有的国家甚至达到95%以上，实施免耕的果园占20%左右，覆盖法和清耕法加起来也仅占10%。我国果园生草栽培试验研究起步较晚，为借鉴国外的先进经验，我国在20世纪90年代引进果园生草技术，1998年全国绿色食品办公室将果园生草作为绿色果品生产技术在全国进行推广，并在陕西、山东、四川、湖北、安徽、江苏、浙江、福建、海南等少数地区进行推广应用，主要在苹果、蜜桃、猕猴桃、葡萄、火龙果等果树上应用，但由于受认识、技术掌握程度等多方面的限制，推广的力度和深度还不足。目前，大多数果园仍以传统的清耕和免耕方式作为果园土壤管理的主要技术，果园生草仅处于试验与小面积应用阶段（图33）。

所以，目前来看，我国果园土壤管理方式仍以传统清耕模式和免耕模式为主，同时为追求产量，无序开发，轻视管理，造成了生态破坏、水土流失、农业面源污染、土地退化、生物多样性减少等重大环境问题，而且直接导致农产品产量下降、品质下降、重金属超标、农药残留过量等果品安全问题。

面对这些问题，科技工作者一直致力于果园生草的培育与研发，并提出了果园生草草种的选择原则：

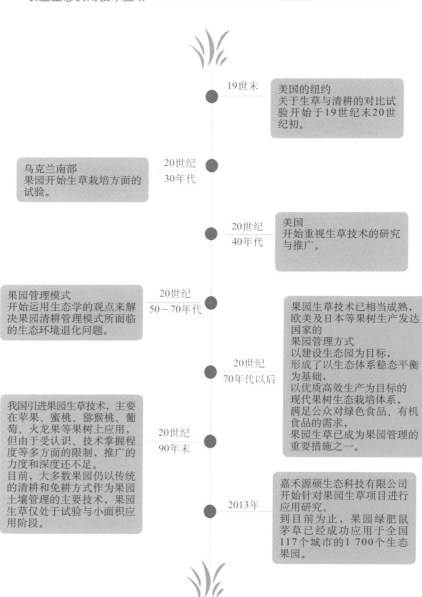

19世末
美国的纽约
关于生草与清耕的对比试验开始于19世纪末20世纪初。

乌克兰南部
果园开始生草栽培方面的试验。
20世纪
30年代

20世纪
40年代
美国
开始重视生草技术的研究与推广。

果园管理模式
开始运用生态学的观点来解决果园清耕管理模式所面临的生态环境退化问题。
20世纪
50～70年代

果园生草技术已相当成熟，欧美及日本等果树生产发达国家的
果园管理方式
以建设生态园为目标，形成了以生态体系稳态平衡为基础，以优质高效生产为目标的现代果树生态栽培体系，满足公众对绿色食品、有机食品的需求，果园生草已成为果园管理的重要措施之一。
20世纪
70年代以后

我国引进果园生草技术，主要在苹果、蜜桃、猕猴桃、葡萄、火龙果等果树上应用，但由于受认识、技术掌握程度等多方面的限制，推广的力度和深度还不足。
目前，大多数果园仍以传统的清耕和免耕方式作为果园土壤管理的主要技术，果园生草仅处于试验与小面积应用阶段。
20世纪
90年末

2013年
嘉禾源硕生态科技有限公司开始针对果园生草项目进行应用研究。
到目前为止，果园绿肥鼠茅草已经成功应用于全国117个城市的1 700个生态果园。

图33　生草试验发展时间轴

一是要求匍匐生长或低秆、生长迅速、有较高的产草量；二是要求有较好的耐阴性和耐践踏性；三是要求与果树没有相同的病虫害，也不能引起生物入侵。目前研究发现禾本科与豆科草种适合于果园生草，如白三叶（图34）、红三叶（图35）、鼠茅草（图36）、紫云英、光叶苕子、毛叶苕子和箭筈豌豆等草种。

图35　果园绿肥——红三叶

图34　果园绿肥——白三叶

图36　果园绿肥——鼠茅草

三、鼠茅草种植流程

果园鼠茅草种植技术是一项先进的果园土壤管理措施，是生态果园的重要组成部分。但面对各地区环境特点、果园的生产条件及果树生长特性等，鼠茅草种植方法及流程也有所不同。本部分将对不同地区果园鼠茅草的种植，通过视频和图片的展示，做一个科学的技术指导，让种植者在生产实践中能做到科学种草，实现自己期待的经济效益和生态效益。

扫码观看鼠茅草种植方法及流程

（一）整地及前期准备

播种前将果园内的杂草清除干净，用旋耕犁旋土深10厘米左右，整平整细地面，注意不要伤到果树根系，根据土壤墒情及时播种。

鼠茅草出苗的适宜土壤相对含水量为65%～85%，如果墒情较差，应及时造墒，确保按时播种。

播种方式可采用撒播和条播两种方式。条播时，行距根据土壤耕地质量而定，中等地力的果园鼠茅草种植行距为30厘米，优等地力的果园行距可适当加大，差等地力的果园行距适当缩小。

为保证播种均匀，应选择在无风天播种，播种前将鼠茅草种子和细沙按1∶10的比例混合均匀，然后进行播种。播种后用铁耙轻拉一遍，做到覆土要薄，镇压时要实防止吊干种子，影响出苗。

（二）播种

1.播种时间

播种时间一般为9月中旬至10月上旬。不同地区根据当地的温度调整播种时间，一般而言北方比南方播种早。目前来看，全国各地区除辽宁省以北、广东省以南地区不适合种植鼠茅草，其他地区种植都比较成功。

2.播种流程

包括除草（中耕除草或除草剂除草）、平地、划沟（图37）、播种（要均匀，浅覆土，图38）、掩埋（图39）、镇压（图40）等流程（图41）。

图37　播种鼠茅草前进行划沟

图38　播种鼠茅草

图39　播种鼠茅草后覆土掩埋

图40　掩埋后镇压土地

1.清园
中耕或除草剂除草

2.松地
机械旋耕，疏松土壤

3.拌沙
方便均匀撒播

鼠茅草播种流程示意图

4.播种
撒播方式最佳

7.淋遍水
墒情不好时，喷遍水，勿大水漫灌

6.轻镇压
用石碾轻轧一遍

5.浅覆土
用耙子耙一下

图41　鼠茅草播种流程

3.播种量

每亩播种1.5～2千克种子。

计算方法如图42所示。这块土地面积为1亩，植距1.5米，行距2米，采用全园生草的模式，1亩地播种1.5千克种子。

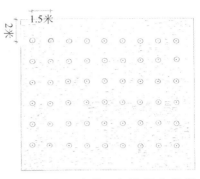

图42　全园生草1亩地鼠茅草播种量计算示意图

如果采用全园生草的模式，播种量计算公式如下：

播种量＝土地面积×1.5

式中：

播种量的单位为千克；土地面积单位为亩。

采用行间生草模式（图43），植株与草带间隔40厘米，播种量计算公式如下：

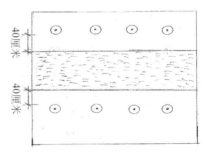

图43　行间生草（鼠茅草）播种量计算示意图

播种量＝[（株间距－0.8）×土地长度]×播种行数÷667×1.5

式中：

播种量的单位为千克；株间距单位为米。

（三）鼠茅草种植注意事项

1.保证播种期间土壤水分供应

一般土壤水分含量能够保证鼠茅草草种正常发芽。如果天气干燥，可以洒点水。一般建议在下雨前播种，种完后第二天或者第三天下雨，都没有问题，发芽率会很高，这种自然发芽效果很好；如果没有降水，可以洒水作为补充。

2.保证种子落在土里

鼠茅草覆盖杂草的原理，是利用它在地面形成覆盖，由此形成一个避光的条件，让杂草的种子不能发芽，让杂草生长不出来，如果不能完全覆盖地面，在裸露的地方会透光，杂草的种子在水分和温度适宜的条件下很容易发芽。所以，地整得越平越细，发芽率越高，覆盖得越好，它将来抑制杂草的效果、腐烂后改良土壤的效果就会越好。

3.播撒草种最好与细土或沙子拌混

因为鼠茅草种子比较轻、比较小，撒草种时比较困难。与沙子拌匀，目的是播撒得更加均匀，要注意选择细沙。要注意是如果选择拌沙播种，最好晚上拌混，第二天播种，沙的湿度保持在40% ～ 50%，种子拌混以后，会有一种膨胀的状态，这样发芽会比不拌沙的早一天。

（四）鼠茅草后期管理

与果树同时浇越冬水。第二年开春，也就是4月初，浇水或下雨时一定要追施氮肥。为什么要追氮肥呢？因为鼠茅草生长的密度比较大，它需要氮肥使秆长起来，如果不使用氮肥，鼠茅草低矮不易倒伏，且分叶少，导致生草总量也少。

（五）种植鼠茅草后果树施肥注意事项

第一年，建议先施肥再除草，整地后播种鼠茅草。不需要特别在意施肥时会毁掉鼠茅草幼草，因为施肥对草的不良影响可忽略。第二年鼠茅草会把施肥区域重新覆盖。

第二年，施用肥料可以是水溶性的也可是非水溶性的。

第三年，与前两年施用量相比，施入的有机肥可以减半，施入时间尽量提前，在草种发芽前，可以随便挖土进行施肥。

第四年，不再需要施有机肥。建议，此时应该将土地进行旋耕，旋耕深度5 ～ 8厘米最佳。旋耕时间为8月下旬至9月上旬。

（六）种植鼠茅草常见问题

1.鼠茅草种子真假如何判断?

目前，市面上一般用黑麦草草种冒充鼠茅草草种，两者相比，黑麦草单粒种子明显比鼠茅草大且重，比较饱满，类似小麦种子，千粒重约4.051克，而鼠茅草草种细而长且轻，千粒重约0.771克（图44、图45）。黑麦草夏季常绿，茎秆粗壮，不倒伏，需人工刈割。

扫码观看鼠茅草真假种子辨别方法

图44　单个黑麦草草种（左）与鼠茅草草种（右）对比

图45　多个黑麦草草种（左）与鼠茅草草种（右）对比

2.在春季为什么鼠茅草地里杂草较多？

有些杂草生长发育速度比鼠茅草快，同时这些杂草也会比鼠茅草提前枯萎。这些杂草与鼠茅草形成一个稳定的生态体系，同时可以覆盖地面，增加干物质量，为鼠茅草的生长提供大量的有机质，可以辅助鼠茅草更快地生长，无须担心。

3.怎么才能让鼠茅草长得更好？

春季，鼠茅草返青后，就开始撒施尿素氮肥，每亩施用15千克氮肥。施用时，最好在下雨的时候追肥或者在追肥后浇水都可以。

4.鼠茅草需要经常浇水吗？

春季浇一次就够了，其他时间不用浇水。

5.沙地或其他土壤贫瘠的地能种植鼠茅草吗？

可以种，要注意春天施两次氮肥，确保鼠茅草良好的生长发育状态。

6.一粒种子能发多少芽？

鼠茅草生长发育状态和小麦相似。一粒种子发一个芽，一个芽能分蘖3～15个。

7.为什么播种的时候要镇压？

种子落在土壤中，覆土镇压目的是防止种子吊干，而影响出苗。

8.土地必须平整吗？

要保证地面尽量平整，这样后期覆盖效果才更好。

9.拌种没有细沙，可以用其他东西代替吗？

有的地方没有沙子，细土拌种也可以。

10.第二年施用的肥料是怎么选择的？

第二年施用肥料可是水溶性的也可是非水溶性的。

11.鼠茅草播种后，果园需施基肥时，应该怎么
施肥呢？

不用考虑施肥对草的影响，施肥对草的不良影响
可忽略。

12.条播时，间距是多少？

合适间距为20 ～ 30厘米。

13.全园生草，树下种草，鼠茅草会不会与果树
争夺养分？

不会，鼠茅草与果树基本是错峰生长，同期生长
时间较短。

14.全园生草的优势是什么？

鼠茅草全园覆盖后，园区杂草少，不用再浪费人

工除草。

15.果子还没摘，播种后踩踏会不会有影响？

踩踏不会影响鼠茅草的生长，无须担心。

16.收集种子有意义吗？

鼠茅草在种子成熟后可以人工采集种子，但只限于小面积使用或做简单的试用，大面积的果园或苗圃等不建议收集种子。人工采集种子，首先费时费工，其次人工收集的种子发芽率和品质无法保证，从而会影响鼠茅草种植效果。

四、果园鼠茅草生草方式

根据果园地形、面积、作物种类、树龄等分为不同的生草方式，主要包括全园生草、行间生草和株间生草。

（一）全园生草

全园生草是指全园种植鼠茅草，以实现果园地面全覆盖，它多应用于根系发达的成熟果园，如白皮松苗圃（图46）、樱桃园（图47）和梨园（图48）。

图47　樱桃园全园生草

图46　多年生白皮松苗圃全园生草

图48　梨园全园生草

（二）行间生草

　　行间生草是指在果园局部行间种植绿肥以达到果园覆盖的生草方式，适用于幼龄果园，如苹果园（图49）、杏园（图50）、葡萄园（图51）和冬枣园（图52）。

图49　苹果园行间生草

图50　杏园行间生草

图51　葡萄园行间生草　　　　图52　冬枣园行间生草

（三）株间生草

株间生草是指在果园局部株间种植绿肥以达到果园覆盖的生草方式，适用于幼龄果园，如猕猴桃园（图53）、茶园（图54）和火龙果园（图55）。

图53　猕猴桃园株间生草

图54　茶园株间生草

图55　火龙果园株间生草

五、果园鼠茅草生草优势

  果园生草作为一种先进的果园土壤管理方式，其生草草种的选择至关重要，而果园生草草种有许多，如白三叶、红三叶、鼠茅草、紫云英、光叶苕子、毛叶苕子、黑麦草和箭筈豌豆等草种。每种草各有优劣，但鼠茅草是目前发现的唯一能自然倒伏的果园生草，被称为"果园地毯"，能有效抑制其他杂草生长的同时却不需要人工刈割，其需水、需肥期与大多数果树错开，有效地解决了生草作物与果树争水争肥的矛盾，而且其他生草植物具备的优势，鼠茅草也同样具有。

  目前，国内对鼠茅草在果园应用的经济效益和生态效益提升方面做了大量的研究，主要表现为以下几个方面：鼠茅草对果园杂草防治的优势，腐烂的鼠茅草对土壤肥力方面的影响（包括养分释放规律和对土壤肥力、土壤微生物及土壤酶活性方面的影响），鼠茅草种植周期的经济效益，控制面源污染的影响，改善果园生态环境的效益，对果树生长和果实品质的影响等。

  本部分将从这些研究中结合全国各地不同的果园

鼠茅草种植案例，将鼠茅草作为果园绿肥的优势——描述，以便各位读者能更深地了解和种植鼠茅草。

（一）以草治草

目前，对鼠茅草研究较多的是日本。鼠茅草广泛分布于日本的北海道、本州岛、四国岛和九州等地，主要用于控制果园杂草的生长、促进果园生态系统良性循环。那鼠茅草抑制杂草的机理是什么呢？研究发现，鼠茅草、毛叶苕子和黑麦草作为果园绿肥相比较，鼠茅草的返青时间比其他绿肥更早，而且鼠茅草植株能自然倒伏生长，在地面形成地毯状的覆盖物，这层覆盖物可有效抑制夏季杂草的生长。刘广勤等（2010）在试验中发现种植鼠茅草主要抑制梨园内禾本科杂草的生长，对多种杂草的抑制效果达100%。在杏园中种植鼠茅草抑制杂草的效果要优于雀麦草。通过对鼠茅草腐解物的进一步分析，发现鼠茅草腐解物中含有多种水溶性物质，这些物质对杂草生长具有抑制作用。

案例分享

地点：山东省聊城市。

果园类型：苹果园（4亩）。

播种方式：行间生草。

播种时间：2015年10月12日。

该苹果园在种植鼠茅草绿肥之前采用果园套种花生的土壤管理模式，同时果园除草、杀虫、施肥费时费工，成本较高。园主在参加当地技术培训过程中，了解到果园绿肥鼠茅草是目前一种先进的果园管理措施，可以解决园主目前遇到的果园管理难题。园主在详细了解了鼠茅草的种植方式和管理措施之后，决定尝试这一新鲜的技术。由于果树树龄较小，全园采用行间生草的方式播种鼠茅草。笔者对该果园进行了长期的调查指导。目前，该果园鼠茅草依然长势良好，解决了园主的除草难题。

本案例重点介绍2015—2018年鼠茅草在该果园的生长历程、种植效果，并配图展示，以便读者对鼠茅草有更全面的了解。该果园于2015年10月12日开始种植鼠茅草，当年种下的鼠茅草基本都发芽了，并成功越冬（图56至图60）；2016年4月再去调查时，鼠茅草已经开始倒伏，长势良好，基本没有其他杂草生长（图61）。6月植株已经完全枯萎开始腐烂（图62），与果树的需水、需肥期刚好错开，还为果园提供了大量的干物质。10月鼠茅草种子再次发芽，为冬季的果园盖了一层绿色的"棉被"（图63、图64）。2017年4月，鼠茅草返青之后基本覆盖了全园（图65），实现了园主期望的抑制杂草效果，6月鼠茅草枯萎（图66），10月再次发芽生长（图67）；2018年4月鼠茅草再次返青（图68），6月鼠茅草枯萎（图69）。与套种花生相比，种植鼠茅草省时省工，成本低、效果好，实现了园主预期的效益。

图56　种植鼠茅草前平整土地（2015年10月）

图57　种植鼠茅草后镇压土地（2015年10月）

图58　鼠茅草发芽（2015年10月）

图59　被大雪覆盖的鼠茅草（2015年11月）

图60　正在越冬的鼠茅草（2015年12月）

图61　返青后的鼠茅草长势良好（2016年4月）

图62　枯萎后的鼠茅草正在腐烂（2016年6月）

图63　发芽后的鼠茅草再次覆盖果园（2016年10月）

图64　果园绿地毯（2016年10月）

图 65　行间覆盖满了鼠茅草（2017年4月）

图 66　开始枯萎的鼠茅草（2017年6月）

图 67　越冬前发芽的鼠茅草盖满了果园（2017年10月）

图68　返青后的鼠茅草（2018年4月）

图69　成熟枯萎的鼠茅草（2018年6月）

（二）改良果园土壤

鼠茅草对果园土壤的改良主要有以下几点：调节果园土壤养分平衡、提升土壤肥力、改善土壤微生物及提高土壤酶活性等。

1.调节果园土壤养分平衡

Ishika-wa等采用同位素示踪方法，发现鼠茅草可有效降低果园中过剩的肥料，调节果园土壤养分平衡，避免果园土壤次生盐渍化的发生。

2.提升土壤肥力

鼠茅草在提升土壤肥力方面，吕鹏超等通过田间试验发现，鼠茅草一个生命周期的干物质产量，全覆盖种植、畦面种植和畦背种植分别为1 092千克/亩、928千克/亩、463千克/亩。梁斌等的研究发现，在6～9月果树旺盛生长期，正值鼠茅草枯萎降解，枯萎的鼠茅草为果树提供了大量的碳源，从而促进土壤微生物对氮素的固持。杨洪晓等的研究发现，鼠茅草腐烂分解速度受土壤含水量的影响较大，而每年7～10月是土壤含水量较多的时期。这些试验表明，倒伏在果园中的鼠茅草植株经发酵和分解后，可以补充土壤中的有机物，改良土壤的物理、化学性质，尤其是速效养分含量，且随着种植年限的增加，其土壤养分也逐年增加。所以，鼠茅草可以为落叶果树或苗圃植物生长提供营养，而不是争夺养分。同时，笔者在鼠茅草种植基地现场调查取样，发现有鼠茅草覆盖的土壤，蚯蚓数量很多，土壤肥沃。

3.改善土壤微生物

土壤微生物是土壤有机体的重要构成因素，参与土壤中的各种生理、生化反应，直接影响物质分解和转化，对土壤肥力的形成有很大作用。土壤微生物在维持土壤各种物质和能量代谢中有着重要的地位，是反映土壤养分变化最重要的生物学指标之一。研究发现，种植绿肥可以改善农田土壤微生物的生物学性状，果园绿肥会通过一个复杂的交互作用影响土壤中微生物群落的构架。而果园种植鼠茅草后，鼠茅草在整个生命周期能够提供大量的土壤活性有机碳，而土壤微生物群落构架与土壤活性有机碳的含量及分布密切相关。Motosugi 和 Terashima 采用同位素示踪的方法发现鼠茅草容易感染 AM 真菌（根内球囊霉），AM 真菌可以调节矮化葡萄藤和鼠茅草之间氮素的运输，促进鼠茅草中的氮素向葡萄藤中运输，从而促进葡萄藤的生长。进一步的研究发现，鼠茅草根感染 AM 真菌的感染率很高，可促进柑橘的生长，改善柑橘的品质。另外，有研究表明鼠茅草作为一种果园绿肥能有效地提高浅层土壤中细菌和真菌的数量。

4.提高土壤酶活性

土壤酶是土壤中各种复杂的生物化学反应的催化剂，反映土壤中全部物质代谢和能量转化程度，可以作为土壤中不同生物化学反应进程中强度和方向的一个重要指标，影响着土壤养分的形成和累积。土壤酶在维持土壤各种物质和能量代谢中有着重要的地位，是反映土壤养分变化最重要的生物学指标之一。研究发现，果园覆盖绿肥能够改善土壤质地，从而提高土壤酶活性。

案例分享

地点：湖南省永州市。

果园类型：柑橘园（150亩）。

播种方式：行间生草。

播种时间：2017年9月12日。

该柑橘园在种植鼠茅草绿肥之前采用果园免耕的土壤管理模式，由于柑橘园土地石块较多，人工除草困难，柑橘园面积较大，需要使用大量的除草剂除草，费时费力。同时，土壤贫瘠，需使用大量的肥料保持土地肥力，维持果树生长，管理极不方便。园主了解到鼠茅草可以解决柑橘园管理难题时，开始尝试种植鼠茅草，但由于土壤中混有大量大块沙石，不方便耕种，园主采取分点播种和撒播的方法行间种植鼠茅草。笔者对该柑橘园进行了长期的调查指导。目前，该柑橘园鼠茅草依然长势良好，不仅解决了柑橘园的除草难题，而且改良了果园土壤，提升了土壤肥力，为贫瘠的果园披上了绿色的新装。

本案例重点介绍2017—2018年鼠茅草在该果园的生长历程、种植效果，并配图展示，以便读者对鼠茅草有更全面的了解。该果园于2017年9月12日开始种植鼠茅草，当年种下的鼠茅草基本都成功发芽。2018年1月，鼠茅草基本越冬成功（图70、图71）；3月，柑橘园行间盖满了鼠茅草（图72、图73）；10月，采用全园播撒的方式再次播种。2019年3月，整个柑橘园已经全部披上了绿色的"地毯"（图74、图75），与之前相比完全焕然一新，而且极大减少了雨水冲刷后的水土流失量，改善了果园环境，为园主解决了果园管理的一大难题。

图70　采取点播方式播种的鼠茅草（2018年1月）

图71　采取撒播方式播种的鼠茅草（2018年1月）

图72　鼠茅草盖满了行间（2018年3月）

图73　鼠茅草盖满了裸露的地表（2018年3月）

图74　鼠茅草基本将贫瘠的果园覆盖（2019年3月）

图75　荒山变绿地（2019年3月）

（三）投资少，受益期长

　　鼠茅草是一种一年生禾本科草本自传种绿肥，仅需第一年播撒种子，以及追施少量的氮肥，之后鼠茅草会每年结籽，通过草籽自然萌发生长，3～5年内不需要再次播种。种植鼠茅草的果园每年可减少锄草和松土次数，免于除草烦恼，一次投资长期受益。为更快地提高土壤有机质含量，可每隔3～4年翻耕一次。据青岛农业大学隋方功教授应用研究发现，其种植的鼠茅草已生长10年，生长状况依然很好，理论上能长期生长下去，保守估计能再生长10年。笔者调查鼠茅草种植时间，最长的已经生长了6年，目前状态依然良好，没有出现衰减现象。

（四）增强果树抗涝抗旱能力

鼠茅草根系细长且密集，枯萎后的鼠茅草根易腐烂。因此，果园种植鼠茅草能改善果园土壤结构，保持土壤良好的通气、透水、蓄水性能，能够增强果树抗涝能力。同时，倒伏的"地毯"能有效地降低地表温度，提高表土层的含水量，增强果树抗旱能力。笔者在鼠茅草园区调查发现，覆盖鼠茅草的土壤明显比裸露或者有其他杂草的土壤湿润，而且灌溉时节水效果明显。同时，由于鼠茅草植株较矮，耐干旱、喜阴，可以有效抑制果园线虫的繁殖。笔者调查研究发现，种植鼠茅草的果园，目前未发现鼠茅草病虫害的现象。

案例分享

地点：浙江省杭州市。
果园类型：油茶园（400亩）。
播种方式：全园生草。

播种时间：2015年10月9日。

该园为典型的南方坡地人造梯田，当地土壤土质疏松，雨水较多，土壤保水能力较差，又由于种植油茶，需要除草施肥，造成了严重的水土流失和土地退化现象，果实产量与品质下降，同时除草成本较高。为了给油茶林地复合经营方式提供合理的科学依据，安徽农业大学林学与园林学院与中国林业科学研究院亚热带林业研究所等科研单位联合做了鼠茅草等果园绿肥对油茶林地土壤的影响的相关实验。油茶园采取全园生草的播种方式，笔者对该油茶园进行了长期的调查指导。研究结果表明，鼠茅草可以有效改善土壤理化性质，提高地表覆盖度，削减径流，蓄水保墒，减少林地养分流失，具有显著的水土保持效果。目前，该油茶园鼠茅草依然长势良好。

本案例重点介绍2015—2018年鼠茅草在该油茶园的生长历程、种植效果，并配图展示，以便每位读者对鼠茅草有更全面的了解。该油茶园于2015年10月9日开始种植鼠茅草，当年种下的鼠茅草基本都发芽了，株高10厘米左右（图76）。2016年3月，鼠茅草长势良好（图77、图78）；4月，鼠茅草开始结籽。2017年再次播种。2018年4月，鼠茅草长势良好（图79），6月，鼠茅草开始枯萎腐烂（图80）。鼠茅草的相关研究，为坡地油茶种植管理难题提供了科学合理的解决方法。

图76 坡地鼠茅草发芽（2015年10月）

图77 鼠茅草长势良好（2016年3月）

图78 鼠茅草盖满了油茶园（2016年3月）

图79　返青后的鼠茅草长势良好（2018年4月）

图80　成熟枯萎的鼠茅草（2018年6月）

（五）改善果园小气候

　　果园种植绿肥具有较好的平稳地温的效果，并且在一定程度上调节树冠层空气温度和湿度，这是因为果园种植绿肥可为裸露地表与大气间提供一个下垫面，影响地表对太阳辐射的吸收及热量的散失，夏季阻止地温迅速上升，冬季则有保温的作用。

　　而鼠茅草绿肥也有相同的作用，稳定土壤温度，降低土壤温度的变幅，具有夏季降温、冬季保温的效果，有利于促进果树根系的生长发育和吸收活动。研究表明，夏季鼠茅草绿肥可降低地温3～5℃，冬季提高地温3～4℃。Shibata研究发现，倒伏在果园的鼠茅草植株或死亡株，类似在果园表层盖了一层有机地罩，可以减少烈日对土壤的强烈辐射，从而降低土温、减少水分蒸发、提高柑橘和葡萄等植物对热和旱的忍耐力，从而使果树安全度过炎夏。笔者发现茶园覆盖鼠茅草，可以为茶树安全越冬保驾护航。

案例分享

地点：四川省成都市。

果园类型：葡萄园。

播种方式：全园生草。

播种时间：2015年10月29日。

　　该葡萄园在种植鼠茅草绿肥之前采用果园清耕的土壤管理模式，但人工除草效率低且劳动强度大。园主在详细了解鼠茅草的的诸多优势之后，买了少量鼠茅草草种做了简单的试验，全园采取行间生草的播植方式。笔者对该果园进行了长期的调查指导。由于当地气候条件和果园管理等因素，目前鼠茅草虽长势良好，但抑制杂草效果不明显，但确实降低了因气温波动而造成的葡萄经济损失，尤其是在早春和冬季。因为葡萄生长对温度比较敏感，葡萄生长时所需最低气温为12～15℃，最低地温为10～13℃，花期最适气温为20℃左右，果实膨大期最适气温为20～30℃。葡萄春季萌芽后，温度上升过快，会造成枝条徒长，花期易受精不良，如遇春寒则会发生冻害。

本案例重点介绍2015—2016年鼠茅草在该果园的生长历程、种植效果，并配图展示，以便读者对鼠茅草有更全面的了解。该果园于2015年10月29日开始种植鼠茅草，当年种下的鼠茅草基本成功萌芽（图81），11～12月鼠茅草已经覆盖全园（图82、图83），为葡萄园的安全越冬保驾护航。2016年1月，鼠茅草开始返青并快速生长（图84、图85）；7月鼠茅草枯萎并开始腐烂（图86、图87）。

图81　鼠茅草成功萌芽，长势良好（2015年10月）

图82 鼠茅草匍匐生长（2015年11月）

图83 鼠茅草将葡萄园覆盖（2015年12月）

图84 正在越冬的鼠茅草（2016年1月）

图85　返青后的鼠茅草（2016年3月）

图86　枯萎腐烂的鼠茅草（2016年7月）

图87　掀开鼠茅草，裸露出肥沃的地表土壤（2016年7月）

（六）为果树增产，为果品增质

适宜的土壤结构及孔性对果树正常生长发育有很大的影响，对果树根系的正常发育及优产丰产有重大的意义。而果园种植鼠茅草后，其根系的穿插作用能使土壤维持较好的土壤结构，干物质干枯腐解后向土壤中提供大量的有机质，利于果园土壤团聚体的形成，使得植草后的土壤性状得到极大的改良。

优质的土壤使得果树健康生长，从而可提高水果产量，改善果实品质，增加效益。试验数据表明，苹果园种植鼠茅草绿肥后，苹果产量增加205千克/亩，一级果增加了8.0%，含糖量增加了11.3%，总酸量降低了8.3%，维生素C含量提高了6.7%，而且不再使用化肥、除草剂，保证了果品安全。李艳红等研究发现苹果园种植鼠茅草2年和3年后一级果分别增加了13.15%和25.71%，每亩产量分别提高了9.03%和13.77%。这些实验都证明了鼠茅草作为果园绿肥可以实现果品增质和产量增加。

（七）有效控制面源污染

我国果园基本都建立在丘陵山坡地上，山地过度开发和不合理的果园耕作方式导致果园水土流失严重。据调查，我国大部分地区坡耕地水土流失量占该地区水土流失量的60%以上。而果园土壤肥力退化，需施大量的化肥才能维持果树生长和果树产量。同时，农药和除草剂的不合理使用等都会造成严重的面源污染。果园种植鼠茅草后能有效减少果园裸露土地面积，生长旺盛时，覆盖度能达到100%，长期种植鼠茅草能改善土壤通透性、入渗性能及持水能力等，从而有效减少水土流失，减少农药、化肥的使用，有效地控制农业面源污染的问题。笔者调查研究发现，种植鼠茅草的果园，果树病虫害明显减少，进而施肥用药次数明显减少，有效控制了面源污染的问题。

案例分享

地点：湖北省潜江市。

果园类型：枣园（10亩）。

播种方式：全园生草。

播种时间：2017年11月20日。

该枣园在种植鼠茅草绿肥之前采用果园免耕的土壤管理模式，由于枣园杂草较多，地面不平，人工除草困难，同时每年需要使用农药除虫，人工和农药成本较高，而园主种植作物主要是自己食用，农药的使用带来了食品安全问题和面源污染问题。为了解决这些难题，园主选择了种植鼠茅草防治杂草，园主只选择一部分土地种植鼠茅草，另一部分工地依然采用传统除草模式。该果园采取全园播种的生草方式。第二年，笔者调查发现该枣园种植鼠茅草的地块，病虫害明显减少，抑制杂草效果非常明显，同时农药的施用量大幅度减少，而且土壤问题得到改善。

　　本案例重点介绍2017—2018年鼠茅草在该果园的生长历程、种植效果，并配图展示，以便读者对鼠茅草有更全面的了解。该果园于2017年11月开始种植鼠茅草，当年种下的鼠茅草基本发芽（图88、图89）。2018年鼠茅草越冬成功后，3月，阔叶类杂草基本被除净（图90），而对照组基本是杂草丛生（图91）。4月鼠茅草开始倒伏生长，禾本科杂草也被除净（图92、图93），对照组杂草生长旺盛（图94）。5月鼠茅草开始结籽（图95），对照组杂草长满了枣园（图96）。6月，鼠茅草开始枯萎，枣园内基本没有其他杂草（图97），而对照组杂草长势惊人，快要把枣园淹没（图98），为了后期方便管理，园主不得不人工除草。

图88　鼠茅草萌芽（2017年11月）

图89　鼠茅草零星地长出来（2017年12月）

图90　鼠茅草覆盖了园区，抑制杂草生长（2018年3月）

图91　没有种植鼠茅草的土地杂草较多（2018年3月）

图92　长势旺盛的鼠茅草将其他杂草覆盖（2018年4月）

图93　"绿色地毯"（2018年4月）

图94　没有种植鼠茅草的土地杂草长势旺盛（2018年4月）

图95　鼠茅草开始结籽（2018年5月）

图96　没有种植鼠茅草的土地杂草丛生（2018年5月）

图97　开始枯萎的鼠茅草（2018年6月）

图98　杂草已经长满了枣园（2018年6月）

（八）无须刈割，省时省工

鼠茅草的植株能自然倒伏生长，在地面形成地毯状的覆盖物，与其他果园绿肥相比，如黑麦草，毛叶苕子（图99）等，无须人工刈割，而且利于果园田间管理，极大地节约了人工成本。笔者调查发现，定位为旅游采摘的果园，一般在果实成熟采摘的季节，正

图99　果园绿肥——毛叶苕子

好是鼠茅草倒伏的时候，这时鼠茅草不仅为园区增加了观赏性，而且极大地方便游客的采摘体验，为园区增加了无形的经济收益。

案例分享

地点：山东省青岛市。

果园类型：梨园（20亩）。

播种方式：行间生草。

播种时间：2016年10月1日。

该梨园园主认识到了传统的果园土壤管理模式存在诸多问题，而且费时费力、成本高，想要采用果园绿肥的土壤管理模式管理自己的果园。在调查研究后发现果园绿肥鼠茅草与其他绿肥相比具有自然倒伏、无需刈割的优点，就果断选择了鼠茅草作为该园果园生草的草种。笔者对该果园进行了长期的调查指导。经过多年跟踪调查，发现鼠茅草优势明显。

本案例重点介绍2016—2018年鼠茅草在该梨园的生长历程、种植效果，并配图展示，以便读者对鼠茅草有更全面的了解。该梨园于2016年10月开始种植鼠茅草，当年种下的鼠茅草基本都发芽且长势良好，超过了安全越冬的合理高度，但依然越冬成功。2017年3月返青后的鼠茅草长势良好（图100），4月结籽倒伏（图101），10月草种再次萌发（图102）。2018年7月，鼠茅草完全腐烂（图103）。

图100　返青后的鼠茅草长势良好（2017年3月）

图101　鼠茅草倒伏（2017年4月）

图102　鼠茅草再次萌芽（2017年10月）

图103　鼠茅草完全腐烂在地里（2018年7月）

（九）增加生物多样性，减少病害发生

我国传统的果园杂草及病虫害防治主要依赖于农药等化学制剂，不合理地施用对生态环境和果品造成严重污染，长期滥用又使得杂草及害虫产生耐药性。而大多数研究表明果园绿肥能够明显抑制果园内杂草生长，增加生物多样性，减少病害虫发生。例如，邱良妙等发现枇杷园套种绿肥后，果园昆虫群落结构明显优化，害虫数量明显减少，而天敌种类增加13.3%～66.7%，天敌数目增加83.0%～197.7%。Wardle和Yeates发现梨园种植绿肥能减少害虫数量，增加天敌数量，使天敌（草蛉、寄生蜂和蜘蛛等）生态位宽度大于害虫（梨网蝽、梨木虱和蚜虫等），同时增加天敌的生态位重叠指数，从而有效减少虫害发生。曹保芹等研究发现果园生草对果树昆虫群落结构有优化作用，蚜虫和雌成螨的数量分别减少50.3%和84.9%，天敌小花蝽和瓢虫的数量分别增加213.3%和11.5%。赵雪晴等研究发现，苹果园间作绿肥与清耕相比，天敌的数量和种类增多，主要天敌的发生期延长近1个月，同时随着间作绿肥年限的延长，对害虫棉蚜、小绿叶蝉和山楂叶螨等的抑制效果达90%以上。经过笔者调查发现种植鼠茅草的果园病虫害明显少于清耕果园，用药次数明显减少。

六、鼠茅草应用前景与案例展示

（一）鼠茅草应用前景

当前，多数果农在果园管理上采用传统的清耕管理模式，化肥、农药等农用化学品的大量投入导致土壤有机质减少，土壤结构受到破坏，果园清耕加重了果园生态环境的退化，而且清耕导致的农用化学品污染问题越来越突出，已成为影响绿色果品生产及果园可持续发展的重要因素。优质、安全、无公害、绿色、有机果品生产是当今世界果业发展的方向和趋势，果园种植鼠茅草模式作为一种先进的果园土壤管理模式，在改善果园微气候、保护生态环境、提高果品质量等方面具有重要作用，对于协调果树生产与环境间的关系，建立优质高产、环境友好的果园生产体系，推动果树产业清洁生产等方面具有极为重要的应用价值。

习近平总书记指出：绿水青山就是金山银山，山水林田湖草是一个生命共同体。生动形象地表达了党中央和政府全力推进生态文明建设、构建美丽绿色中国的鲜明态度和坚定决心。

因此，根据不同地区气候特点、土壤特性、果树生产特点，在本书的指导示范下，发展不同地区果园鼠茅草绿肥覆盖种植模式，具有重要的理论和现实意义。在日本，鼠茅草在园林除草、苗圃除草和护坡沃土等领域应用多年，而且成效显著。鼠茅草应用于园林绿化、苗圃除草以及荒山改造等领域具有重要的意义。

我国果园基本都建立在丘陵山坡上，山地丘陵覆盖鼠茅草对减少山地果园水土流失、改良土壤、保持土壤肥力、减少面源污染以及改善生态环境等具有重要现实意义。本章节将对山地丘陵果园鼠茅草的应用案例做详细介绍。

（二）鼠茅草应用案例展示

本部分以图片和视频的方式展示6个案例，主要展示鼠茅草在坡地果园的应用效果。通过图片和视频的展示，使读者更直观地了解鼠茅草在坡地果园应用效果，更深入地体会到鼠茅草在山地丘陵地区的应用意义和价值。

扫码观看鼠茅草在丘陵坡地的应用效果

1.河南省平顶山市苹果园

图104至图108展示了苹果园鼠茅草改良坡地土壤的情况。

图104　苹果园种植鼠茅草（1）

图105　苹果园种植鼠茅草（2）

图106　苹果园种植鼠茅草（3）

图107　苹果园种植鼠茅草（4）

图108　苹果园种植鼠茅草（5）

2.云南省红河哈尼族彝族自治州苹果园

图109至图114展示了苹果园鼠茅草护坡沃土的情况。

图109　苹果园鼠茅草护坡沃土情况（1）

图110　苹果园鼠茅草护坡沃土情况（2）

图111　苹果园鼠茅草护坡沃土情况（3）

图112　苹果园鼠茅草护坡沃土情况（4）

图113　苹果园鼠茅草护坡沃土情况（5）

图114　苹果园鼠茅草护坡沃土情况（6）

3.四川省雅安市樱桃园

图115至图119展示了樱桃园鼠茅草防治水土流失的情况。

图115　樱桃园种植鼠茅草（1）

图116　樱桃园种植鼠茅草（2）

图117　樱桃园种植鼠茅草（3）

图118　樱桃园种植鼠茅草（4）

图119　樱桃园种植鼠茅草（5）

4.四川省眉山市橘园

图120至图124展示了橘园鼠茅草保水保肥、解决面源污染问题的情况。

图120　橘园种植鼠茅草（1）

图121　橘园种植鼠茅草（2）

图122　橘园种植鼠茅草（3）

图123　橘园种植鼠茅草（4）

图124　橘园种植鼠茅草（5）

5.江西省赣州市橙园

图125至图127展示了橙园鼠茅草减少氮素径流损失、提高果园土壤肥力的情况。

图125　橙园种植鼠茅草（1）

图126　橙园种植鼠茅草（2）

图127　橙园种植鼠茅草（3）

（三）全年不同地区鼠茅草生长状态欣赏

全年不同地区鼠茅草生长状态见图128至图151。

图128　海南省东方市火龙果园（1月）

图129　北京市顺义区苗圃（1月）

图130　北京市大兴区苗圃（2月）

图131 广西壮族自治区来宾市柑橘园（3月）

图132 宁夏回族自治区中卫市苹果园（3月）

图133 山东省日照市苹果园（3月）

鼠茅草春季（3月）生长状态
视频欣赏

请扫码观看

鼠茅草春季（4月）生长状态
视频欣赏

请扫码观看

图134　甘肃省兰州市杏园（4月）

图135　广西壮族自治区柳州市猕猴桃园（4月）

图136　安徽省安庆市蓝莓园（5月）

图137　河北省石家庄市梨园（5月）

图138　陕西省延安市樱桃园（5月）

图139　辽宁省大连市梨园（5月）

鼠茅草春季（5月）
生长状态视频欣赏

鼠茅草夏季（6月）
生长状态视频欣赏

鼠茅草夏季（7月）
生长状态视频欣赏

请扫码观看　　　　请扫码观看　　　　请扫码观看

图140　山西省长治市樱桃园（6月）

图141　山东省潍坊市桃园（6月）

图142　山东省潍坊市桃园（7月）

图143　山东省菏泽市葡萄园（8月）

图144　北京市大兴区苗圃（9月）

图145　广西壮族自治区梧州市柑橘园（10月）

图146　四川省成都市葡萄园（10月）

图147　北京市大兴区苗圃（11月）

图148　福建省武夷山市茶园（11月）

图149　山东省聊城市梨园（11月）

图150 浙江省绍兴市李园（12月）

图151 浙江省杭州市油茶园（12月）